科学のアルバム

クワガタムシ

林　長閑●構成・文

あかね書房

もくじ

写真提供●佐藤有恒
栗林　慧
岸田　功
菅原光二
林　長閑
右高英臣
埴　沙萠
増田戻樹
久保秀一
四本　充
守矢　登
小川　宏

イラスト●森上義孝
夏目義一
渡辺洋二
林　四郎

装丁●画　工　舎

科学のアルバム

クワガタムシ

林　長閑（はやし　のどか）

一九二八年、兵庫《ひょうご》県に生まれる。

一九五一年、東京農業大学農学部卒業。農学博士《はくし》。専門《せんもん》は、甲虫類《こうちゅうるい》の幼虫《ようちゅう》の研究。

一九四〇年より、甲虫類の幼虫の研究に着手、今日まで半世紀《はんせいき》余《あま》り研究をつづけている。

その間、甲虫の多くの種類《しゅるい》について、生態《せいたい》や形態をあきらかにする。

著書《ちょしょ》に「日本幼虫図鑑《ずかん》」（北隆館）、「原色日本甲虫図鑑Ⅰ」（保育社）、

「甲虫の生活」（築地書館）、「ミヤマクワガタ」（文一総合出版）、

「ヒトと甲虫」（法人出版局）などがある。

現在《げんざい》、日本ホタルの会理事。

夏《なつ》の夜《よる》、クワガタムシがわがもの顔《かお》で、
クヌギ林《ばやし》をとびまわります。
樹液《じゅえき》をもとめてあるきまわります。

● 木《き》のみきをよじのぼるミヤマクワガタ。

➡カブトムシ（おす）のさなぎ。カブトムシは，たまごから幼虫《ようちゅう》，さなぎの時代《じだい》までを土《つち》の中《なか》ですごします。落葉《おちば》がくさってできたやわらかい土《つち》(腐葉土《ふようど》)を食《た》べて，どんどん成長《せいちょう》をつづけ，わずか１年《ねん》で羽化《うか》をして成虫《せいちゅう》になります。

➡春《はる》のクヌギ林《ばやし》。クワガタムシがよくあつまる木《き》は，クヌギ，ナラ，コナラ，シイ，カシ，ブナなどです。雑木林《ぞうきばやし》にはえている木《き》の種類《しゅるい》は，地方《ちほう》によってちがいます。関東地方《かんとうちほう》の雑木林《ぞうきばやし》に多《おお》いのはクヌギです。この本《ほん》では，雑木林《ぞうきばやし》を“クヌギ林《ばやし》”ということばで代表《だいひょう》させました。

⬅アブラゼミの幼虫《ようちゅう》。一令幼虫《れいようちゅう》のときに土《つち》の中《なか》にもぐって満《まん》5年間《ねんかん》，セミの子は木《き》の根《ね》に針《はり》のような口《くち》をつきさして，木《き》のしるをすって生《い》きてきました。

夏《なつ》をまつ昆虫《こんちゅう》たち

クヌギ林《ばやし》は春《はる》のさかり。みずみずしいわか葉《ば》が、えだというえだをつつみます。林《はやし》の中《なか》を春《はる》の風《かぜ》がとおりぬけると、わか葉《ば》がさわさわと音《おと》をたてます。

わか葉《ば》と春風《はるかぜ》のささやきをとおくにききながら、土《つち》の中《なか》で、夏《なつ》がくるのをじっとまっている昆虫《こんちゅう》がいます。それは、セミやカブトムシの子《こ》どもたちです。

カブトムシの子《こ》どもは、去年《きょねん》の夏《なつ》から、アブラゼミの子《こ》どもは、五年《ねん》もまえの夏《なつ》のある日《ひ》から、土《つち》の中《なか》のくらしをつづけ、いつの日《ひ》か、自分《じぶん》の羽《はね》で、夏《なつ》の空《そら》にとびたつ日《ひ》がくるのをまちつづけていたのです。

⬇アカアシクワガタ（おす）のさなぎ。大《おお》あごになる部分《ぶぶん》が胸《むね》の方《ほう》にふかくおりまげられています。さなぎの期間《きかん》は約《やく》3週間《しゅうかん》。このさなぎも，あと数日《すうじつ》で羽化《うか》がはじまるでしょう。

くち木《き》の中《なか》でも

くちはじめたクヌギの木《き》の中《なか》にも、夏《なつ》をまっている昆虫《こんちゅう》がいます。

←クリのくち木《き》。クワガタムシの幼虫《ようちゅう》は，くさりかけた木《き》を食《た》べて成長《せいちょう》します。

↓去年《きょねん》の10月《がつ》ごろ，木《き》の中《なか》で羽化《うか》をして，そのまま冬《ふゆ》をこしたコクワガタ(めす)。

ゴム人形《にんぎょう》のようなすがたのこの虫《むし》は、クワガタムシのさなぎです。つののような大《おお》きなあご（大《おお》あご）もみえます。足《あし》もあります。

二年《ねん》まえの夏《なつ》のおわり、木《き》の中《なか》にうみつけられたたまごからうまれて、くち木《き》を食《く》いつづけて成長《せいちょう》してきました。

そしていま、クワガタムシの子《こ》どもはさなぎにすがたをかえ、なにも食《た》べず、自分《じぶん》であけたあなの中《なか》にうずくまったまま、おとなになる日《ひ》をまっているのです。

約《やく》三週間《しゅうかん》でさなぎのくらしをおえ、最《さい》後《ご》の皮《かわ》ぬぎをして、木《き》の外《そと》にはいだす日《ひ》をじっとまっているのです。

➡太陽《たいよう》の光《ひかり》をうけるクヌギの木《き》。夏《なつ》は、クヌギにとっても成長《せいちょう》のとき。みどりの葉《は》が光《ひかり》をいっぱいにうけて、養分《ようぶん》をつくりだします。

⬆アブラゼミの羽化《うか》。やわらかいからだがかたまり，とびたてるまで，まる１日《にち》かかります。

⬆カブトムシの羽化《うか》。やわらかくまっ白《しろ》な羽《はね》で，からだがかたまるまで３日間《かかん》ほどかかります。

羽化《うか》の季節《きせつ》

夏《なつ》がきました。太陽《たいよう》がぎらぎらとクヌギ林《ばやし》をてらします。

土《つち》がかわいてきました。ひびわれた土《つち》のすきまから、あつい風《かぜ》がながれこみ、虫《むし》たちに夏《なつ》のおとずれをしらせます。

カブトムシのさなぎは、土《つち》のかべに足《あし》をかけ、せなかを山《やま》のようにもりあげます。せなかの皮《かわ》がさけると、やがて長《なが》いつのをもったカブトムシのたんじょうです。

夕《ゆう》ぐれ、地面《じめん》にあいた小《ちい》さなあなからは、セミの幼虫《ようちゅう》がはいだし、木《き》によじのぼり、足《あし》場《ば》をきめて羽化《うか》をします。

そして、クヌギのくち木《き》の中《なか》では……。

←ノコギリクワガタ（おす）の羽化《うか》。せなかの皮《かわ》がさけて、中《なか》から赤《あか》っぽい色《いろ》をした成虫《せいちゅう》のからだが、もりあがるようにしてでてきました。羽化《うか》がはじまってからおわるまで、およそ二十分《ぷん》かかりました。

➡羽化《うか》しおわったばかりのミヤマクワガタのおす。だんだんからだがかたまってきました。からだの色《いろ》や羽《はね》の色《いろ》もかわってきました。あと数日《すうじつ》で外《そと》へでられます。

⬅クヌギの木《き》にのぼるミヤマクワガタのおす。2本《ほん》のつののようにのびた大《おお》きなあごが，おすのしるしです。これからのくらしは，幼虫《ようちゅう》時代《じだい》と大《おお》きくかわります。

はじめてみるクヌギ林《ばやし》

紙《かみ》のように白《しろ》く、よわよわしそうだった前羽《まえばね》は、空気《くうき》にふれるとだんだん黒《くろ》っぽく、かたい羽《はね》にかわっていきます。

のびていたまくのような後《うし》ろ羽《ばね》を、前羽《まえばね》の下《した》にたたみこんで変身《へんしん》はおわります。

クワガタムシのからだが、すっかりかたまるまでには、約《やく》一週間《しゅうかん》かかります。そのあいだ、クワガタムシは、そのまま木《き》の中《なか》でじっとしています。

からだがかたまりました。クワガタムシは、もろくなった木《き》のかべをやぶり、外《そと》にはいだします。そして、ざらざらした木《き》の皮《かわ》につめをつきさしながら、ちかくの木《き》にのぼりはじめます。

⬆土《つち》の中《なか》でねむるノコギリクワガタ。夕方《ゆうがた》までじっとしています。

⬆木《き》のえだでなくクマゼミ。昼《ひる》のクヌギ林《ばやし》は，セミの声《こえ》であふれます。

クワガタムシの一日《にち》

夏《なつ》のクヌギ林《ばやし》は、いろいろな昆虫《こんちゅう》たちでにぎわいます。

昼《ひる》は、セミの声《こえ》であふれます。でも、どうしたのでしょう。クワガタムシのすがたは、どこにもみあたりません。

そのわけは、クワガタムシは、夜《よる》のあいだだけ樹液《じゅえき》をもとめて行動《こうどう》する夜行性《やこうせい》の昆虫《こんちゅう》だからです。

昼《ひる》のあいだは、たいていやわらかい土《つち》の中《なか》にもぐってねむっています。

なかには、日《ひ》かげになったえだの上《うえ》や、木《き》のうろの中《なか》、木《き》のさけめなどにうずくまり、じっとしているものもいます。

← えだの上《うえ》にうずくまるノコギリクワガタ。木《き》を足《あし》でけると、そのしんどうで、ぽろりとおちてくることがあります。

もし、きみたちがクワガタムシをかんさつしようとおもったら、朝《あさ》、まだ日《ひ》がのぼらないうちに、昼《ひる》まみつけておいた樹液《じゅえき》のいずみにいってみることです。

➡土《つち》の中《なか》からはいだすノコギリクワガタ。土《つち》の中《なか》にいたのに，どうして夜《よる》がきたことがわかるのでしょうか。

⬅ノコギリクワガタの触角《しょっかく》。先《さき》はくしのようにえだわかれをしていて，空気《くうき》にふれる部分《ぶぶん》を多《おお》くしています。

太陽《たいよう》が西《にし》の空《そら》にしずみました。一日《にち》のおわりをうたうヒグラシの声《こえ》もやっとおさまりかけたころ、クワガタムシは、土《つち》をかきわけ、落葉《おちば》をかきわけ、地上《ちじょう》にはいだします。

そして、木《き》の皮《かわ》にするどいつめをひっかけぐいぐい上《うえ》へのぼります。

クワガタムシは、ときどき足《あし》をとめて、胸《むね》をそらし、触角《しょっかく》を夜《よる》の風《かぜ》にかざします。触角《しょっかく》は、風《かぜ》がはこんでくるあまずっぱい樹《じゅ》液《えき》のにおいをかぎわけて、方角《ほうがく》をさがしあてるためのしくみです。

ブォーン！

クワガタムシが、夜《よる》の空《そら》につきささるようにとびたちました。

●とびたつノコギリクワガタのおす。かたい前羽《まえばね》をぴんともちあげ、うすい後《うし》ろ羽《ばね》を前後《ぜんご》にはげしくはばたいてとびます。いつでも着地《ちゃくち》ができるように、足《あし》はひろげたままです。

➡樹液《じゅえき》をすうノコギリクワガタ。樹液《じゅえき》には葉《は》でつくられた養分《ようぶん》が，たっぷりとふくまれています。クワガタムシは，その樹液《じゅえき》をなめて，活動《かつどう》するときのエネルギーにしています。

⬅ノコギリクワガタの舌《した》。毛《け》のたばが，根《ね》もとから２つにわかれています。毛《け》に樹液《じゅえき》をたっぷりふくませてから，すいあげます。

樹液《じゅえき》をもとめて

バシッ！

樹液《じゅえき》がでている木《き》をみつけると、クワガタムシは、からだごとぶつかるようにして、クヌギの木《き》のみきにだきつきます。

クワガタムシの食《た》べ物《もの》は、幼虫時代《ようちゅうじだい》とはちがいます。くち木《き》にかわって、木《き》がきずをふせぐために、きず口《ぐち》からながしだす樹液《じゅえき》が、クワガタムシの食《た》べ物《もの》です。

夏《なつ》は、クヌギの木《き》に樹液《じゅえき》がたっぷりある季節《きせつ》です。クワガタムシの舌《した》は、ふで先《さき》のような毛《け》のたばでできています。クワガタムシは、そこに樹液《じゅえき》をたっぷりひたし、すいとるようにしてのみこみます。

➡とんできたカブトムシ。からだごと木《き》にぶつかるようにして着地《ちゃくち》します。そのとき，かたいからだ，するどいつめがやくにたちます。このカブトムシもねむっていた土《つち》の中《なか》からはいだしてきたのでしょう。

カブトムシもおでまし

ブォーン　バシッ！

樹液《じゅえき》のにおいにひかれて、カブトムシもとんできました。カブトムシは、樹液《じゅえき》のいずみで、クワガタムシがよくであう昆虫《こんちゅう》のなかまです。カブトムシとクワガタムシの成虫《せいちゅう》は、にたようなくらしをしています。

どちらも昼《ひる》は土《つち》の中《なか》でねむります。どちらも夜《よる》のあいだだけ活動《かつどう》します。そして、どちらも樹液《じゅえき》をなめて力《ちから》をつけます。

いずみに樹液《じゅえき》がたっぷりあるときは、そこで二ひきがはちあわせになっても、どちらもしらん顔《かお》で樹液《じゅえき》をのみます。

でも、樹液《じゅえき》のいずみが小《ちい》さいと……。

←カブトムシの舌《した》もたくさんの毛《け》のたばでできています。この毛《け》のたばで樹《じゅ》液《えき》をひたしてすいこみます。でも，クワガタムシの舌《した》ほど長《なが》くはのびません。

↓樹《じゅ》液《えき》をなめるクワガタムシとカブトムシ。樹《じゅ》液《えき》がたっぷりあるときは，どちらもおとなしい昆《こん》虫《ちゅう》で，からだがふれあいそうになっても，めったにあらそいません。

➡からだごとぶっつけあうようにして，けんかがはじまりました。足《あし》に力《ちから》がはいり，つめが木《き》の皮《かわ》にふかくくいこみます。

⬅勝負《しょうぶ》あり！　からだが重《おも》く，足《あし》の力《ちから》がつよいカブトムシには，クワガタムシもかないません。カブトムシは頭《あたま》にある長《なが》いつのと，胸《むね》にある小《ちい》さなつので，クワガタムシをはさみこんで，とうとうほうりなげてしまいました。

けんかがはじまった

樹液《じゅえき》のいずみが小《ちい》さいときは、クワガタムシとカブトムシのからだがふれあいます。そんなときは、よくにらみあいがはじまります。前足《まえあし》をふんばり、胸《むね》をそりあげるようにして身《み》がまえるクワガタムシ。あいてをすくいあげようと、つのをひくくかまえるカブトムシ。こうなったら、どちらもゆずりません。

とっくみあいがはじまりました。クワガタムシの武器《ぶき》は、左右《さゆう》にうごく大《おお》あご、カブトムシの武器《ぶき》は、頭《あたま》ごと上下《じょうげ》にうごくつのです。

その武器《ぶき》で、あいてのからだをはさみこみ、むりやりあいてのからだを木《き》からはがした方《ほう》が勝《か》ちです。

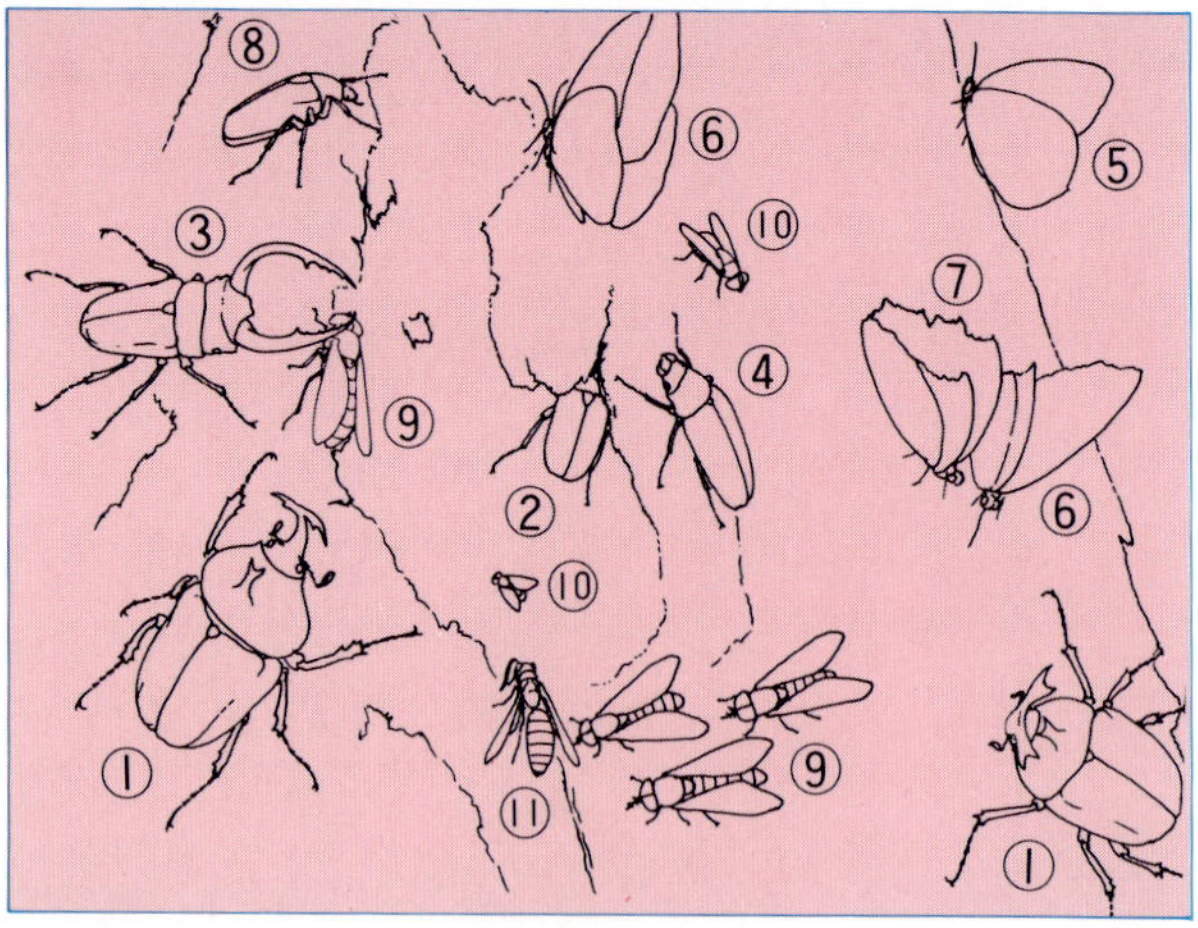

樹液《じゅえき》にあつまった昆虫《こんちゅう》たち。①カブトムシのおす②シロテンハナムグリ③ノコギリクワガタのおす④ノコギリクワガタのめす⑤ヤマキマダラヒカゲ⑥ゴマダラチョウ⑦ルリタテハ⑧クロカナブン⑨ウシアブ⑩ハエのなかま⑪スズメバチ

樹液《じゅえき》にあつまる昆虫《こんちゅう》たち

樹液《じゅえき》にあつまる昆虫《こんちゅう》は、カブトムシやクワガタムシだけではありません。栄養《えいよう》のたっぷりある樹液《じゅえき》をもとめて、いろいろな昆虫《こんちゅう》があつまってきます。

昼《ひる》まは、チョウやハチ、ハエ、アブ、アリのなかまがよくあつまります。

●樹液《じゅえき》にあつまる昆虫《こんちゅう》の口《くち》のいろいろ

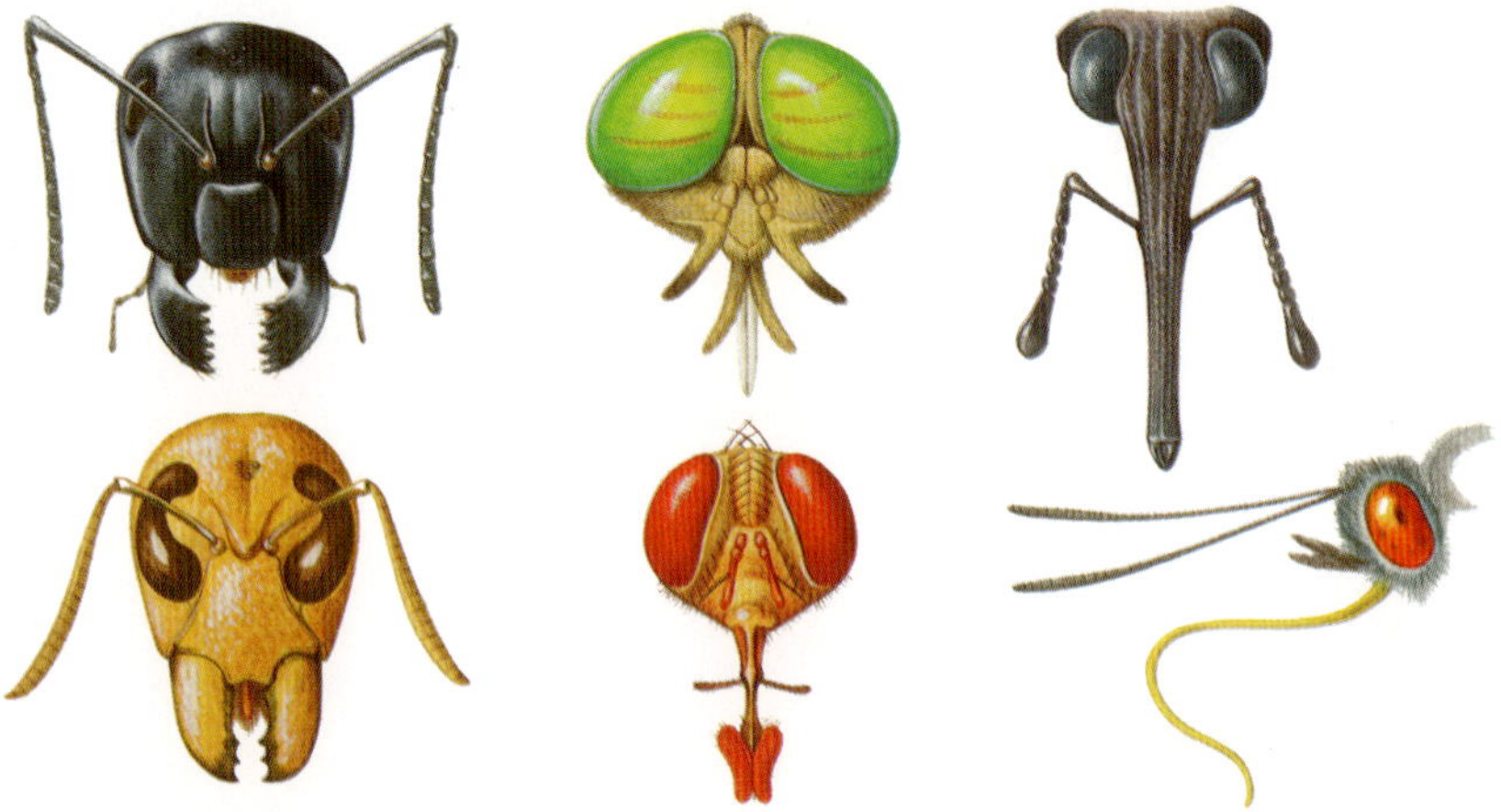

夕方《ゆうがた》になると、カブトムシ、カナブン、クワガタムシなどがくわわり、いずみは、昆虫《こんちゅう》たちでいっぱいになります。

樹液《じゅえき》がすくないときは、よわいものがつよいものにおいたてられてしまいますが、樹液《じゅえき》がたっぷりある大《おお》きないずみでは、あらそうことも、よわいものがいじめられることもなく、それぞれのわけまえにあずかります。

とっぷりと日《ひ》がくれると、チョウやハチ、ハエ、アブたちのすがたはどこかへきえて、樹液《じゅえき》のいずみは、カブトムシ、カナブン、クワガタムシなどのなわばりになります。

そして、カブトムシ、カナブン、クワガタムシの活動《かつどう》は朝方《あさがた》までつづきます。

③オオゾウムシ。ゾウの鼻《はな》のように長《なが》い口《くち》の先《さき》で樹液《じゅえき》をなめます。④カナブンとヨツボシオオキスイ（右上《みぎうえ》）は，カブトムシとにた口《くち》をしています。カナブンは，くだもののしるをすうこともあります。

①ゴマダラチョウ。花《はな》のみつをすうことはほとんどなく，樹液《じゅえき》をすってくらします。②スズメバチ。あばれんぼうです。あとからとんできても，先《さき》にきている虫《むし》をおいたてます。

➡クヌギのみきをあるきまわるノコギリクワガタのおす。足《あし》をふんばり，胸《むね》をそらし，まわりのようすをうかがいます。めすをみつけたのでしょうか。

⬅ノコギリクワガタのめす。めすの大《おお》あごは小《ちい》さくて，おすのようにはめだちません。しかし，このあごはたいへんするどく，木《き》をかみくだくことができます。

おすとめすとのであい

クワガタムシのくらしは、樹液《じゅえき》のいずみをさがしまわるだけのくりかえしのようにみえます。でも、この樹液《じゅえき》めぐりは、クワガタムシにとっては、かかせない日課《にっか》です。

クワガタムシには、まだたいせつな仕事《しごと》がのこっています。それは、子孫《しそん》をのこすための産卵《さんらん》です。おすとめすがであい、交尾《こうび》をして、夏《なつ》のうちにたまごをうみおわらなければなりません。

おすとめすが、いちばんであいやすい場所《ばしょ》、そこが樹液《じゅえき》のいずみなのです。

おすのクワガタムシが樹液《じゅえき》のいずみでまっているうちに、めすのクワガタムシも樹液《じゅえき》をのみにやってくるかもしれないのですから。

➡おどかしのしせいをとるミヤマクワガタのおす。前足《まえあし》をふんばり，胸《むね》をそりあげるしせいは，おこったり，あいてをおどかすときにする，ミヤマクワガタどくとくのしせいです。

⬅はげしくたたかうミヤマクワガタのおすどうし。くらしにはほとんどやくにたたない大《おお》あごが，たたかいの武器《ぶき》になります。はやくあいての胸《むね》をはさみこんだ方《ほう》が有利《ゆうり》になります。

おすどうしのたたかい

せっかくめすにであったというのに、べつのおすがじゃまにはいることがあります。どちらも胸《むね》をそりあげ、大《おお》あごを上《うえ》につきあげて、おどかしのしせいをとります。

おどかしのしせいだけで、にげだすものもいます。でも、それだけではなかなかゆずろうとしないものもいます。

そうなったら、どちらもまけてはいられません。一ぴきのめすをめぐって、おすどうしのはげしいけんかがはじまります。

ときには、どちらかが、しがみついている木《き》から、あいてのからだをはがして、地上《ちじょう》にころげおちるまでつづくことがあります。

➡勝負《しょうぶ》あり！ 木《き》の皮《かわ》からつめをはがされると、もう力《ちから》がでません。地上《ちじょう》にころげおちてしまいます。まけたクワガタムシは、またべつの樹液《じゅえき》のいずみをさがします。

➡ノコギリクワガタのおすとめす。樹液《じゅえき》のいずみで，なかよく樹液《じゅえき》をのみます。

⬅交尾《こうび》をするミヤマクワガタのおすとめす。上《うえ》がおすです。交尾《こうび》がおわると，すぐにはなればなれになり，また１ぴきずつのくらしにもどります。

交尾《こうび》

あらそいがおわりました。やっとじゃまものをしりぞけたおすは、めすと交尾《こうび》をします。あらそいにやぶれたおすは、べつの樹液《じゅえき》のいずみで、ほかのめすとであうことでしょう。

一ぴきのめすをめぐって、おすどうしがあらそう……これは、つぎの世代《せだい》に〝すぐれた性質《せいしつ》〟だけをのこしていこうとする自然界《しぜんかい》のしくみなのでしょう。おなじようなことが、ほかの生《い》きものの世界《せかい》でもよくみられます。

いま、クヌギ林《ばやし》は夏《なつ》のさかり。小《ちい》さな樹液《じゅえき》のいずみをめぐって、昆虫《こんちゅう》たちのさまざまなくらしが、夜《よる》となく昼《ひる》となくくりひろげられているのです。

⬆オウゴンオニクワガタ（マレー）

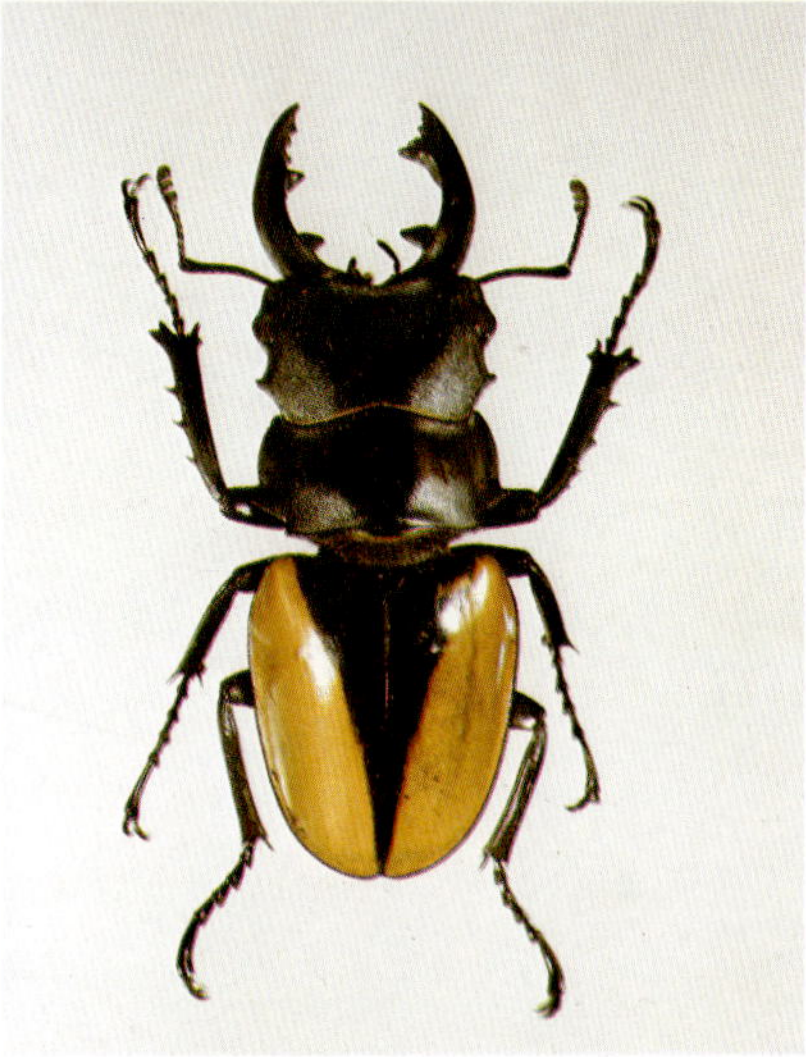

⬆キベリツヤクワガタ（インド・マレー）

⬆フチドリクワガタ（ニューギニア）

外国《がいこく》のクワガタムシ

クワガタムシのなかま

世界中《せかいじゅう》にはおよそ九百種類《ひゃくしゅるい》、日本《にっぽん》にはおよそ三十種類《しゅるい》のクワガタムシがいます。あごの形《かたち》や歯《は》の数《かず》、からだの大《おお》きさが種類《しゅるい》によってちがいます。

⬇ノコギリクワガタ　おすの体長《たいちょう》は 3.6～7.1㎝。めすは 2.4～3㎝。

↑**アカアシクワガタ**　おすの体長《たいちょう》は 2.7～4.2㎝。めすは 2.4～ 3.2㎝。

↑**ミヤマクワガタ**　おすの体長《たいちょう》は4.3～7.2㎝。めすは3.2～3.9㎝。

←**コクワガタ**　おす（左《ひだり》）の体長《たいちょう》は1.6～4.5㎝。めすは2 ～2.8㎝。

↓**スジクワガタ**　おすの体長《たいちょう》は1.8～3㎝。めすは1.4～2㎝。

←**ヒラタクワガタ**　おすの体長《たいちょう》は 3.9～ 6.1㎝。めすは 2.5～ 3.4㎝。

⬆秋《あき》のクヌギ林《ばやし》。一年《ねん》のはたらきもおわりにちかづいた葉《は》は，色《いろ》があせ，かれはじめます。そのため，樹液《じゅえき》の量《りょう》も，きゅうにすくなくなります。

クモの巣《す》にひっかかったアブラゼミの死《し》がい。木《き》にうみつけられたたまご(下《した》)からは，来年《らいねん》の夏《なつ》一令幼虫《れいようちゅう》がかえり，土《つち》の中《なか》にもぐります。

カブトムシの死《し》がい。がんじょうそうなカブトムシですが，その命《いのち》もひと夏《なつ》だけ。たまご(下《した》)を，腐葉土《ふようど》の中《なか》にうみつけます。

九月《がつ》のクヌギ林《ばやし》

秋風《あきかぜ》が色《いろ》あせたクヌギの葉《は》をふるわせます。木《き》の成長《せいちょう》がゆるやかになってきたせいか、樹液《じゅえき》のいずみはかれ、おとずれる虫《むし》のすがたもありません。

林《はやし》をとりまく草《くさ》むらでは、コオロギやスズムシが秋《あき》をうたいます。

林《はやし》のあちこちに、カブトムシやセミの死《し》がいがおちています。昆虫《こんちゅう》たちは、死《し》にたえてしまうのでしょうか。

いいえ、成虫《せいちゅう》が死《し》んでしまっても、めすがうみつけたたまごからうまれた幼虫《ようちゅう》たちが、土《つち》や木《き》の中《なか》で、ちゃんと生《い》きつづけているのです。

ノコギリクワガタの産卵《さんらん》

ノコギリクワガタのたまご。はじめはラグビーボールのような形《かたち》をしていますが，日《ひ》がたつうちに，だんだん球形《きゅうけい》になってきます。

めすの大《おお》あご。あごは産卵《さんらん》のとき，木《き》にあなをほるためのたいせつな道具《どうぐ》です。

産卵《さんらん》をするノコギリクワガタのめす。あごであけたあなに産卵《さんらん》管《かん》をのばし、たまごを一つぶうみつけます。前足《まえあし》をふんばり、胸《むね》をそりあげて、力《ちから》いっぱいりきみます。

ふかまるクヌギ林《ばやし》の秋《あき》。色《いろ》あせた葉《は》が，風《かぜ》にまいながらおちはじめます。

木《き》の中《なか》でのふ化《か》

クワガタムシのすがたもみあたりません。なかには、木《き》の中《なか》や土《つち》の中《なか》にもぐりこんで冬《ふゆ》をこすものもいますが、ほとんどの成虫《せいちゅう》は死《し》んでしまいます。

でも、くちかけたクヌギの木《き》の中《なか》には、ちゃんと幼虫《ようちゅう》が生《い》きています。

夏《なつ》のあいだに、めすがするどいあごで小《ちい》さなあなをほり、一つのあなに一つずつ、時間《じかん》をかけてたんねんにうみつけたたまごからふ化《か》した幼虫《ようちゅう》です。

木《き》の葉《は》がちりはじめるころには、幼《よう》虫《ちゅう》はどんどんくち木《き》を食《く》いすすんで、成長《せいちょう》をはじめていることでしょう。

羽化《うか》したまま，木《き》の中《なか》にうずくまり，冬《ふゆ》をこすコクワガタの成虫《せいちゅう》（おす）。

ふぶきのクヌギ林《ばやし》のどこかで

葉《は》がおちて、まるぼうずになったクヌギの林《はやし》を、こがらしがふきぬけます。

でも、クワガタムシは、このクヌギ林《ばやし》のどこかで、生《い》きています。幼虫《ようちゅう》や成虫《せいちゅう》のすがたで生《い》きています。

クワガタムシのすむ林《はやし》をふぶきがおそいます。冬《ふゆ》のあいだ，これらの木《き》ぎは葉《は》をおとして，成長《せいちょう》をやすめてねむります。

①ふ化《か》したばかりのクワガタムシの一令幼虫《れいようちゅう》。夏《なつ》にうみつけられたたまごからうまれました。②くち木《き》の中《なか》で２年目《ねんめ》をむかえる二令幼虫《れいようちゅう》。くち木《き》にふくまれている水分《すいぶん》や，外《そと》の気温《きおん》によって，幼虫《ようちゅう》の成長《せいちょう》のはやさがちがいます。③クワガタムシの終令幼虫《しゅうれいようちゅう》。来年《らいねん》の夏《なつ》には羽化《うか》することでしょう。

③

②

①

夏《なつ》がくるのをまっているのは、
きみたちだけではありません。
夏《なつ》がきたら、樹液《じゅえき》のにおいが
ただようクヌギ林《ばやし》に、
きみもいってみませんか。
クワガタムシをさがしに。

●早春《そうしゅん》のクヌギ林《ばやし》。

←木《き》のすきまに，頭《あたま》からもぐりこむコクワガタのおす。大《おお》あごは，すきまをひろげるのに役《やく》だっているようです。

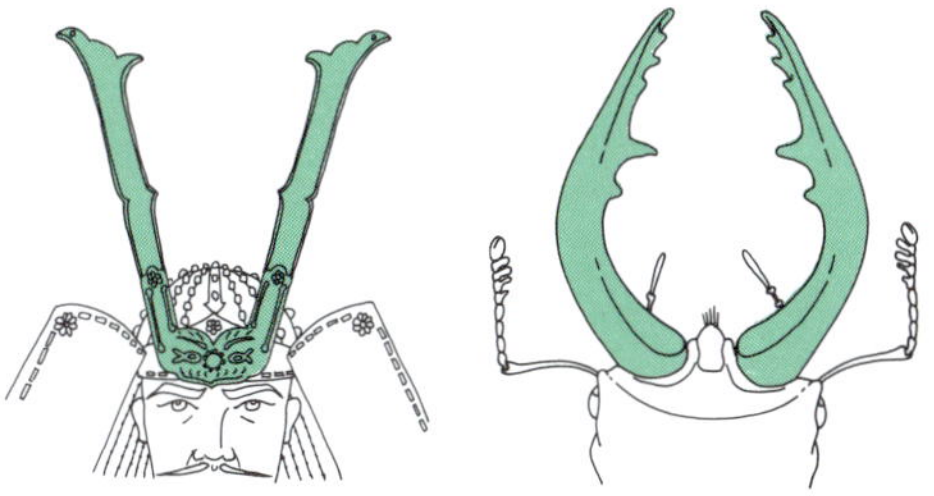

大《おお》きくつきだした二本《ほん》の〝つの〟がクワガタムシのおすのとくちょうです。〝つの〟の形《かたち》が、むかし武将《ぶしょう》がいくさをするときにかぶったかぶとのかざり、〝鍬形《くわがた》〟にているところから、クワガタムシという名前《なまえ》がつけられたほどです。

この〝つの〟は、皮《ひ》ふの一部《いちぶ》が変化《へんか》してできたカブトムシのつのとはちがって、じつは、あご（大《おお》あご）が大《おお》きく発達《はったつ》したものなのです。

あごの内側《うちがわ》をみてください。内側《うちがわ》にむかって、のこぎりの歯《は》のようなぎざぎざが、たくさんつきでていますね。これがクワガタムシの歯《は》なのです。

大《おお》むかし、あごがいまのような形《かたち》に変化《へんか》するまえは、クワガタムシはこの歯《は》で木《き》をかみくだいて、くらしていたことがあるのです。

でも、あごが大《おお》きくなりすぎたために、いまでは歯《は》と歯《は》がかみあわず、かむ歯《は》としては、まったく役《やく》にたたないものになってしまいました。

いろいろなノコギリクワガタ。すんでいる場所《ばしょ》によって，からだの大《おお》きさやあご，歯《は》のようすがさまざまにちがいます。ときには，産地《さんち》によってちがいがでることもあります。

歯《は》には、こまかくならんだ小《ちい》さな歯《は》と、長《なが》くつきでた大《おお》きな歯《は》とがあります。ちがう種類《しゅるい》をみくらべてみると、歯《は》の数《かず》やならびかたがちがいます。だから、歯《は》のようすから、なかまわけの手《て》がかりがつかめます。

歯《は》でなかまわけをするときのきめては、大《おお》きな歯《は》の数《かず》と、その歯《は》があごのどの位置《いち》からつきでているかです。すんでいる地方《ちほう》やからだの大《おお》きさによって、多少《たしょう》のちがいはありますが、大《おお》きな歯《は》の数《かず》と位置《いち》は、種類《しゅるい》によってはっきりちがっています。もちろん、からだ全体《ぜんたい》の形《かたち》をみくらべることもたいせつです。

ただし、上《うえ》の写真《しゃしん》にみられるようなやっかいなこともあるので注意《ちゅうい》してください。からだ全体《ぜんたい》の大《おお》きさや、あごの形《かたち》、歯《は》のようすが、どれもまちまちにみえますが、じつはみんなノコギリクワガタなのです。

これは、幼虫時代《ようちゅうじだい》にすごした環境《かんきょう》のちがいからくる成長《せいちょう》の差《さ》が、成虫《せいちゅう》のからだにもあらわれたのでしょう。成虫《せいちゅう》のからだが小《ちい》さいと、小《ちい》さな歯《は》がきえたり、大《おお》きな歯《は》がこまかくなったりすることがあるのです。

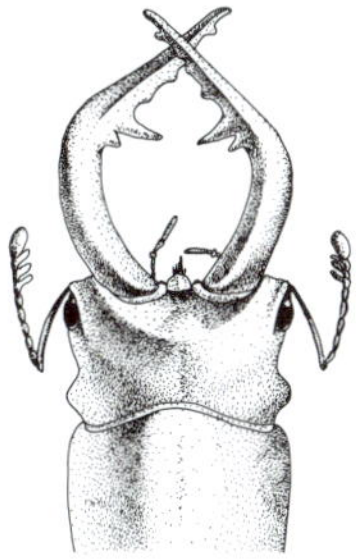

●ノコギリクワガタ

大《おお》きなからだのものは，約《やく》6本《ぽん》の歯《は》があり，まんなかの歯《は》がいちばん大《おお》きい。

小《ちい》さなからだのものは，すべて歯《は》が小《ちい》さく，のこぎりの歯《は》のようにこまかくならんでいます。

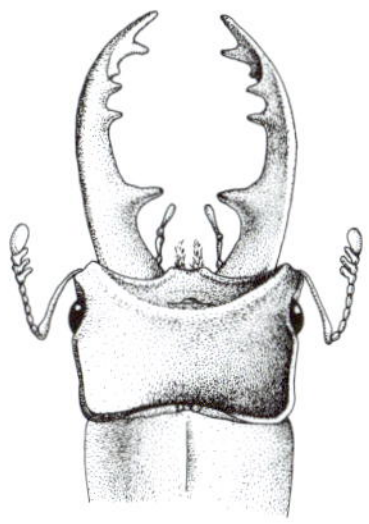

●ミヤマクワガタ

あごの内側《うちがわ》に，4～5本《ほん》の歯《は》があります。東北《とうほく》，北《ほっ》海道《かいどう》地方《ちほう》のものをのぞくと，ねもとの方《ほう》にある歯《は》がいちばん大《おお》きい。

頭《あたま》の上《うえ》には，耳《みみ》のような突起《とっき》があります。

●オオクワガタ

歯《は》の数《かず》は1本《ぽん》。小《ちい》さい歯《は》はついていません。

歯《は》は大《おお》きなからだのものは，あごのまんなかより先《さき》の方《ほう》に，小《ちい》さいからだのものは，あごのまんなかより後《うし》ろの方《ほう》についています。

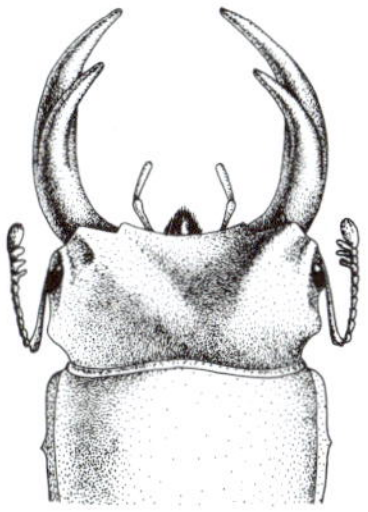

●コクワガタ

あごがややほそながく，内側《うちがわ》にかたむいていて，まんなかに1本《ぽん》歯《は》があります。

大《おお》きいからだのものには先《さき》にもう1本《ぽん》歯《は》があり，小《ちい》さいからだのものは，まんなかの歯《は》がきえてしまっていることがあります。

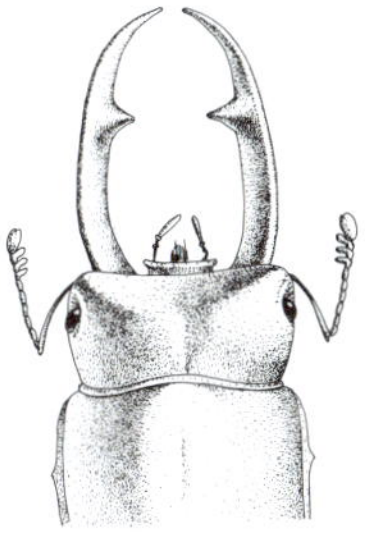

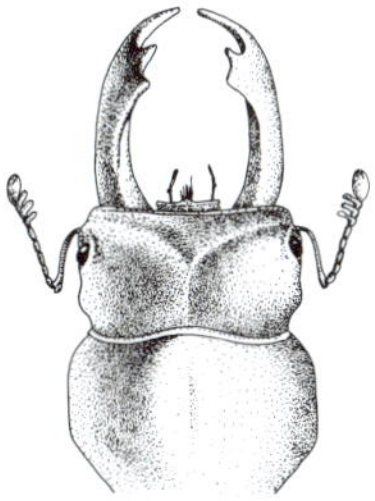

●スジクワガタ

歯《は》はあごのまんなかあたりに2本《ほん》あります。小《ちい》さいからだのものは，この歯《は》がくっついて1本《ぽん》にみえます。

大《おお》きいからだのものは，あごの先《さき》の方《ほう》にも，もう1本《ぽん》小《ちい》さな歯《は》があります。

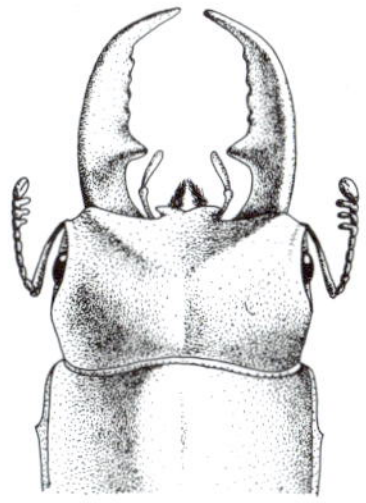

●ヒラタクワガタ

あごは先《さき》の方《ほう》でつよく内側《うちがわ》にまがっています。ねもとの方《ほう》に大《おお》きな歯《は》が1本《ぽん》あり，この歯《は》からあごの先《さき》まで，こまかい歯《は》がならんでいます。小《ちい》さいからだのものは，このこまかい歯《は》はきえています。

●ネブトクワガタ

あごの先《さき》がまんなかあたりからきゅうにほそくなっています。

歯《は》はねもとの下《した》の方《ほう》から1本《ぽん》はえています。大《おお》きなからだのものは，この歯《は》の前《まえ》に，上《うえ》の方《ほう》からもう1本《ぽん》歯《は》がはえています。

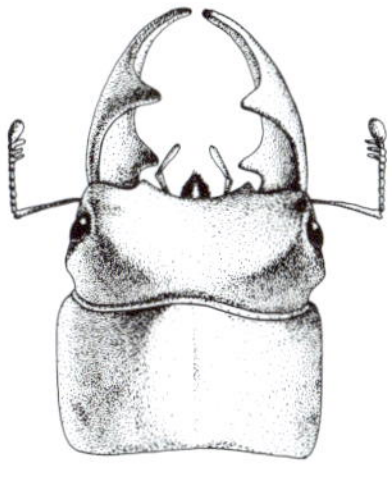

●アカアシクワガタ

歯《は》はあごのまんなかより先《さき》の方《ほう》にあります。大《おお》きなからだのものは，歯《は》の数《かず》が3本《ぼん》で，先《さき》から3番目《ばんめ》の歯《は》が大《おお》きい。小《ちい》さいからだのものは3本《ぼん》の歯《は》がくっついて，1本《ぽん》か2本《ほん》にみえます。

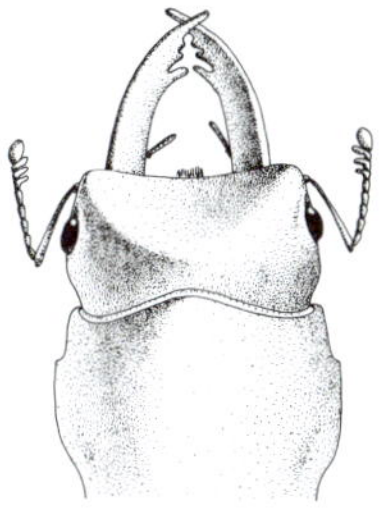

●後《うし》ろ羽《ばね》のおりたたみかた

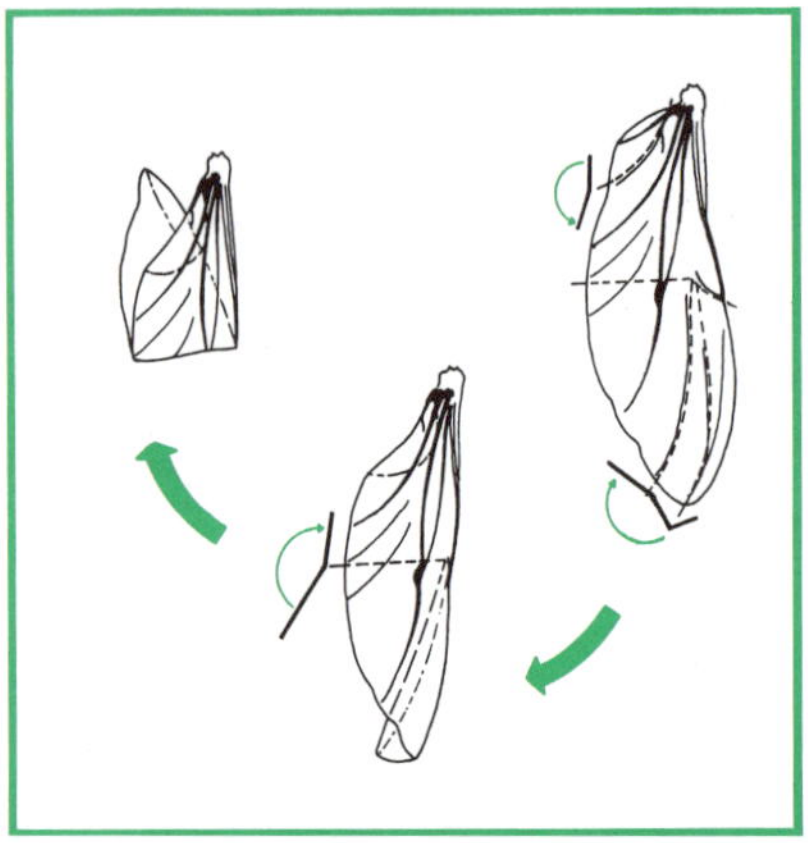

⬆山《やま》に，谷《たに》におって，羽《はね》のはばをせまくしてから，さらに大《おお》きく２つにおりたたみます。

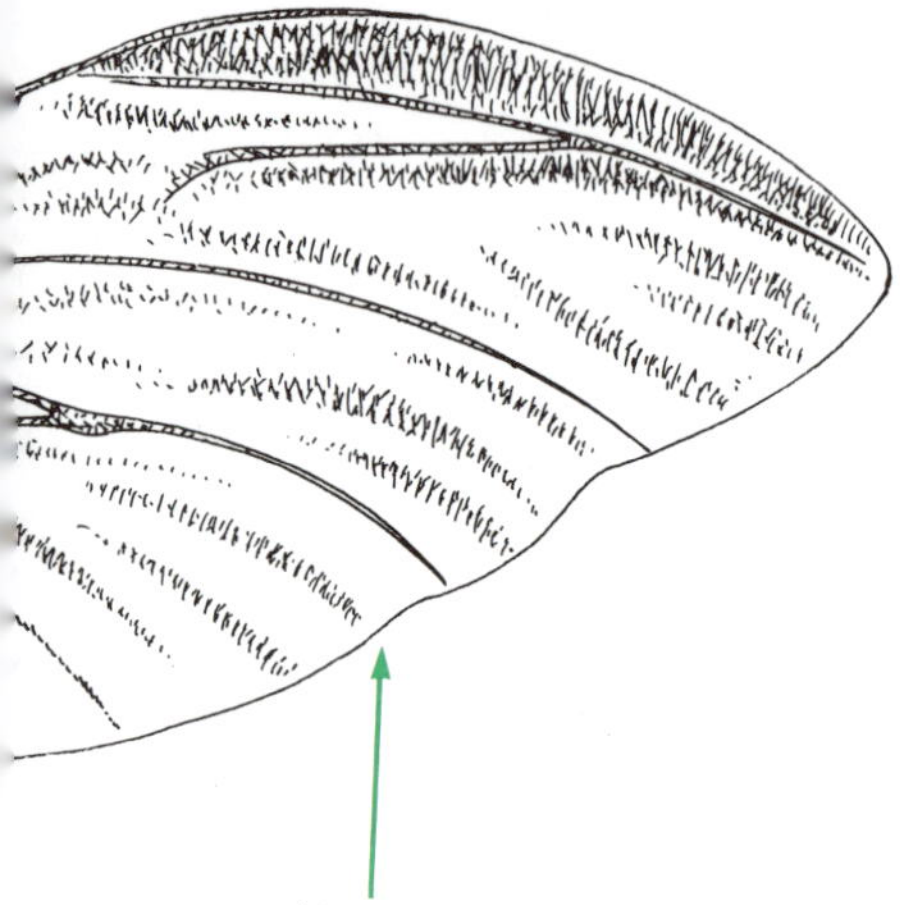

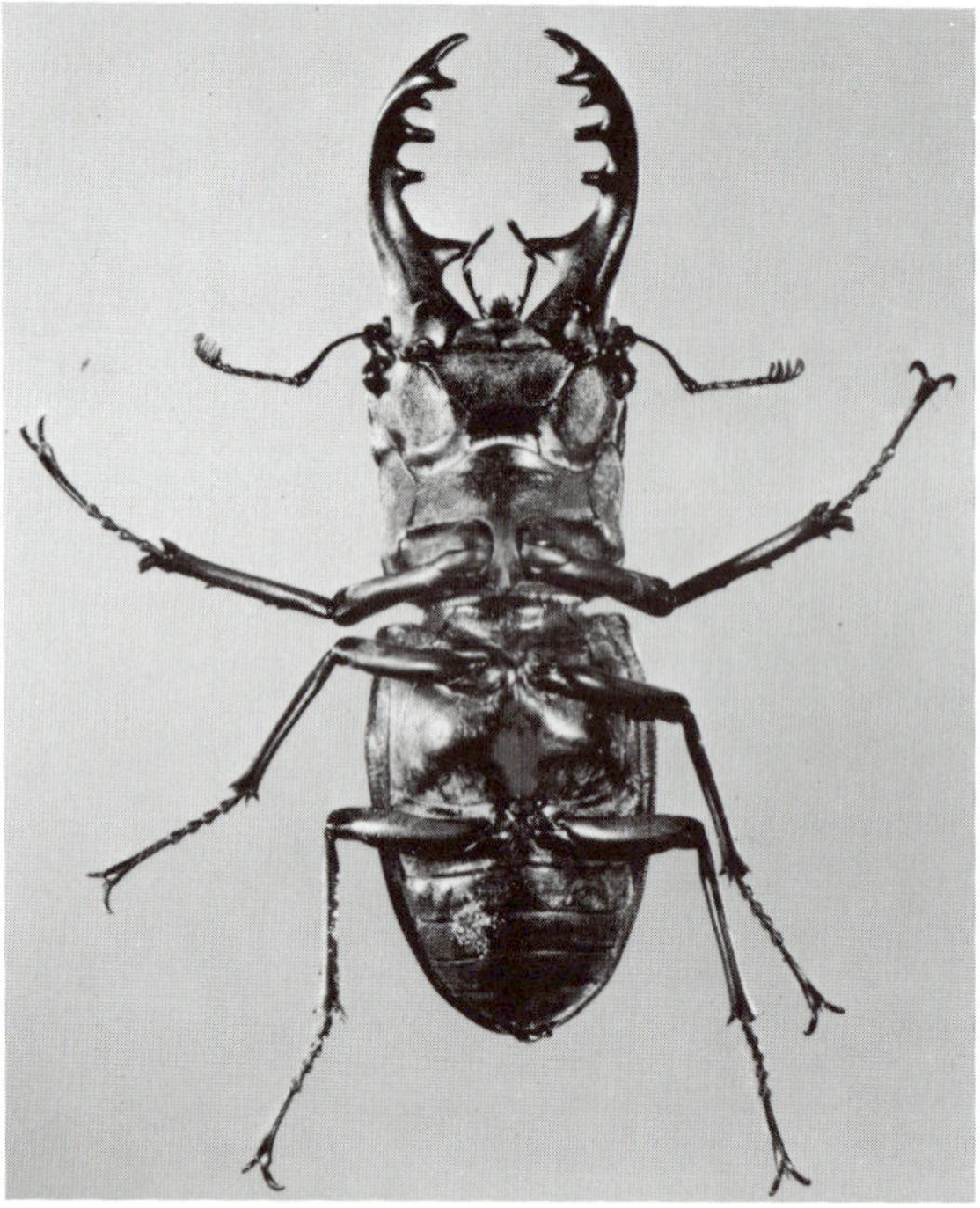

⬆腹《はら》の方《ほう》からみたミヤマクワガタのおす。あごや足《あし》のつきぐあいが，よくわかります。

クワガタムシ（おす）の頭《あたま》のはばは、胸《むね》のはばとおなじくらいあります。巨大《きょだい》なあごをささえるために、もとががっしりとしていなければならないのです。

あごの中《なか》は空《くう》どうです。だから、大《おお》きさのわりにはとてもかるくできているわけです。

後《うし》ろ羽《ばね》は、ふだんいくつにもおりたたまれて、かたい前羽《まえばね》の下《した》にかくされています。

クワガタムシのからだを、くわしくしらべてみましょう。

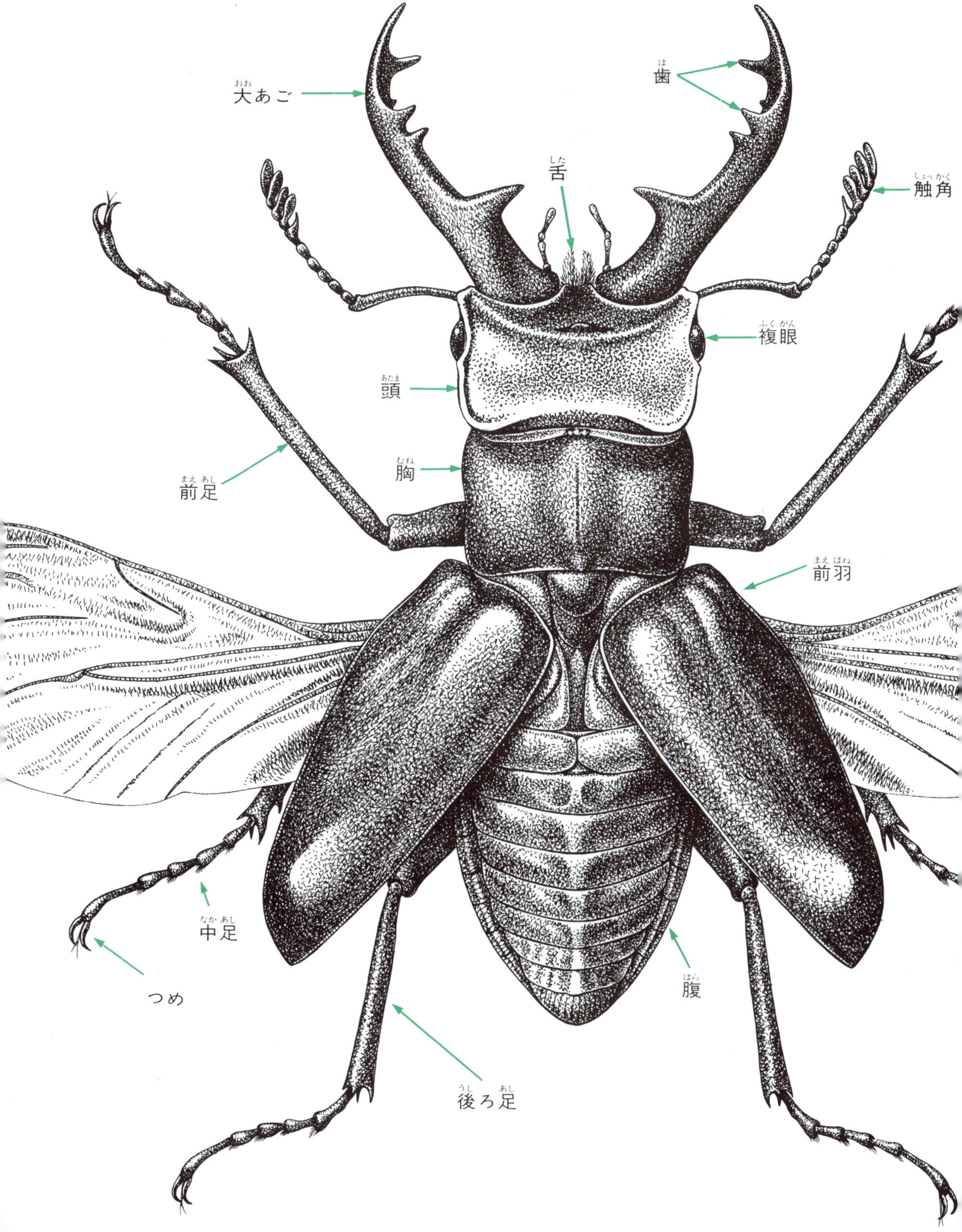
大《おお》あご
歯《は》
舌《した》
触角《しょっかく》
複眼《ふくがん》
頭《あたま》
胸《むね》
前足《まえあし》
前羽《まえばね》
中足《なかあし》
つめ
腹《はら》
後《うし》ろ足《あし》

＊甲虫類《こうちゅうるい》のとびかた

↓カナブンのとびたち。前羽《まえばね》をほとんどとじたままとびます。触角《しょっかく》はぴんとたてて，えだわかれした先《さき》の方《ほう》をひろげています。

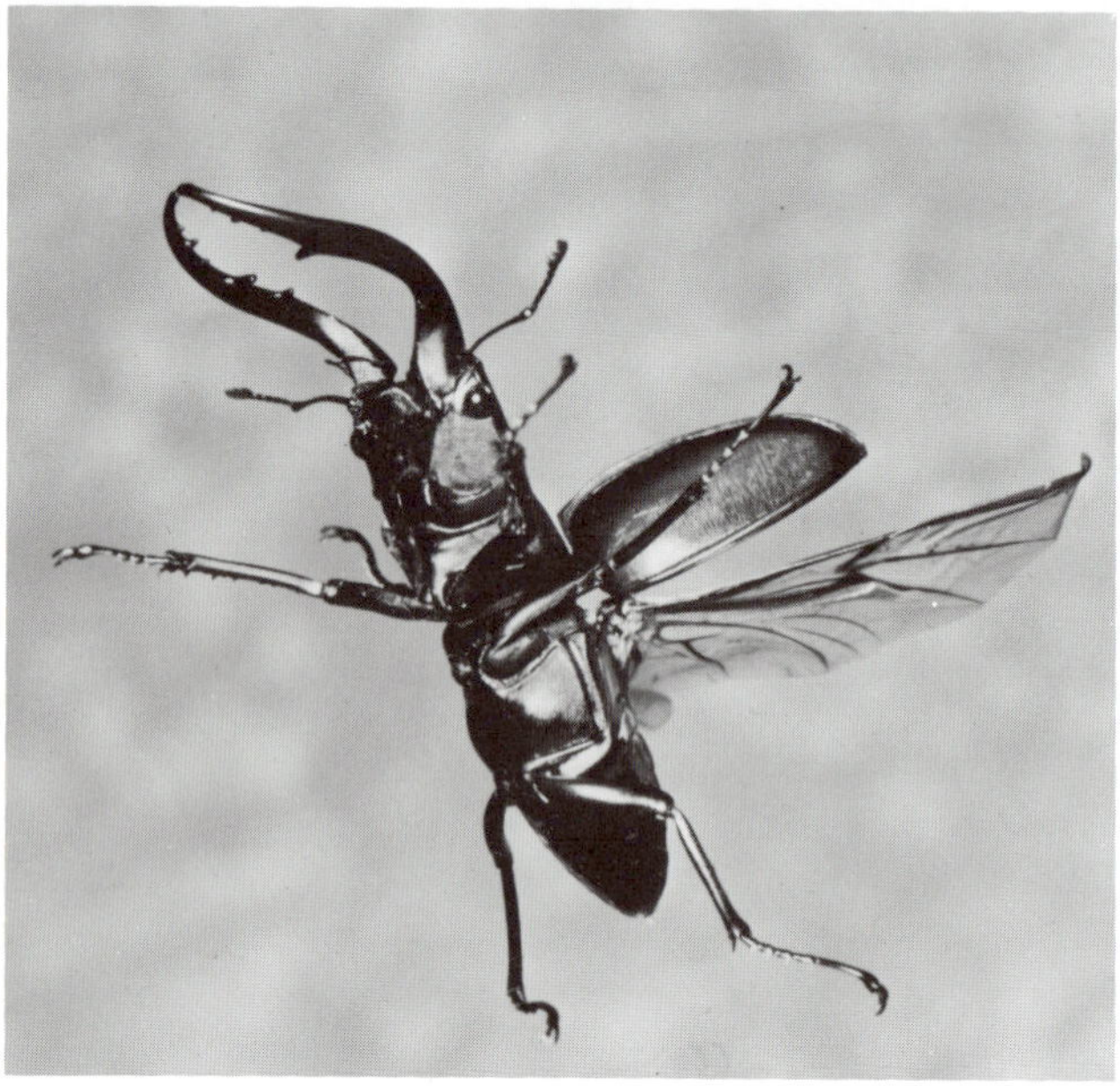

↑ノコギリクワガタのとびたち。着地《ちゃくち》のしょうげきをやわらげるために，いつも足《あし》をひろげたまま身《み》がまえてとんでいます。

クワガタムシをはじめ、カブトムシなどの甲虫《こうちゅう》類《るい》は、チョウやトンボなどとおなじ四枚《まい》の羽《はね》をもっています。しかし、とぶときの羽《はね》のうごかしかたは、チョウやトンボとはだいぶちがいます。チョウやトンボは、四枚《まい》の羽《はね》を全部《ぜんぶ》上下《じょうげ》にふるわせますが、甲虫類《こうちゅうるい》は後《うし》ろ羽《ばね》だけをうごかします。

とんでいるときの前羽《まえばね》のようすには二つのタイプがあります。クワガタムシやカブトムシは前羽《まえばね》を上《うえ》にぴんともちあげ、カナブンはちょっとうかせただけで、ほとんどとじたままです。後《うし》ろ羽《ばね》は、浮力《ふりょく》をつけるつばさの役目《やくめ》をしているのです。

とぶようすも、ほかの昆虫《こんちゅう》とだいぶちがいます。たとえば、チョウはひらひらとびながら、こまかく方向《ほうこう》をかえます。トンボは、とびながら空中《くうちゅう》に停止《ていし》することができます。しかし、甲虫類《こうちゅうるい》のほとんどは、まっすぐにとびつづけるだけで、空中《くうちゅう》に停止《ていし》することはできません。

⬆ゴマダラカミキリのとびたち。連続写真《れんぞくしゃしん》で，羽《はね》のうごきをとらえました。後《うし》ろ羽《ばね》だけが前後《ぜんご》にうごいているようすがよくわかります。

クワガタムシがとんでいるときの足《あし》のようすを写真《しゃしん》でみてください。六本《ぽん》の足《あし》を大《おお》きくひろげたままですね。

クワガタムシが、目標《もくひょう》の木《き》に着地《ちゃくち》するときは、かなりのスピードで、そのまま速度《そくど》をおとさずに、バシッと音《おと》をたててとまります。そのとき、からだが木《き》にたたきつけられることがないように、いつも身《み》がまえたままとんでいるのです。

⬆モンシロチョウのとびたち。4枚《まい》の羽《はね》がいっしょにうごいています。

⬇アキアカネのとびたち。前羽《まえばね》と後《うし》ろ羽《ばね》が別《べつ》べつにうごいています。

●産卵《さんらん》のちがい

カブトムシは、落葉《おちば》の下《した》にもぐり、数《すう》十個《こ》のたまごをまとめてうみます。

クワガタムシは、あごで木《き》に小《ちい》さなあなをほり、一つのあなに一つずつたまごをうみます。うんだあとで、木《き》のくずをあなにつめて、たまごをかくすものもいます。

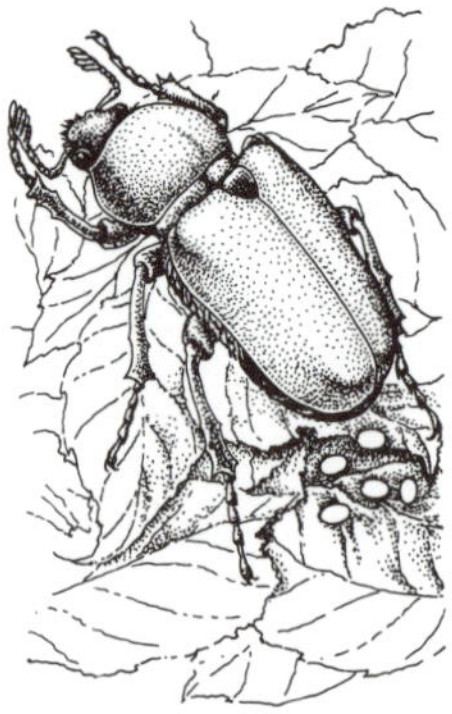

カブトムシ

クワガタムシ

クワガタムシとカブトムシは、成虫《せいちゅう》のくらしがよくにています。しかし、幼虫時代《ようちゅうじだい》のくらしがちがいます。おなじ甲虫類《こうちゅうるい》でもカブトムシはコガネムシ科《か》、クワガタムシはクワガタムシ科《か》と、はっきりと区別《くべつ》されています。

カブトムシの幼虫《ようちゅう》は、土《つち》の中《なか》で、木《き》の葉《は》がくさってできた土《つち》（腐葉土《ふようど》）や、ぼろぼろにくさった木《き》を食《た》べます。一方《いっぽう》、クワガタムシの幼虫《ようちゅう》は、木《き》の中《なか》で、くさりはじめた部分《ぶぶん》を食《た》べます。

幼虫時代《ようちゅうじだい》の長《なが》さもちがいます。カブトムシは、一年間《ねんかん》で成虫《せいちゅう》になるのに、クワガタムシは二年近《ねんちか》く、長《なが》いものは五年《ねん》ぐらいもかかり、くわしくみるといろいろなところがちがいます。

⬇カブトムシ（上《うえ》）とクワガタムシ。カブトムシの成虫《せいちゅう》のいのちは，どれもひと夏《なつ》かぎりです。ところがクワガタムシの成虫《せいちゅう》には，土《つち》の中《なか》にもぐって冬《ふゆ》をこし，数年《すうねん》生《い》きつづけるものもいます。

幼虫《ようちゅう》のからだのちがい

カブトムシの幼虫《ようちゅう》は、節《ふし》と節《ふし》のあいだにも、ひだがたくさんはしっています。

クワガタムシの幼虫《ようちゅう》は、節《ふし》と節《ふし》のあいだにひだがありません。それに、クワガタムシの幼虫《ようちゅう》のしりには、めがねをかけたようなもようがついています。

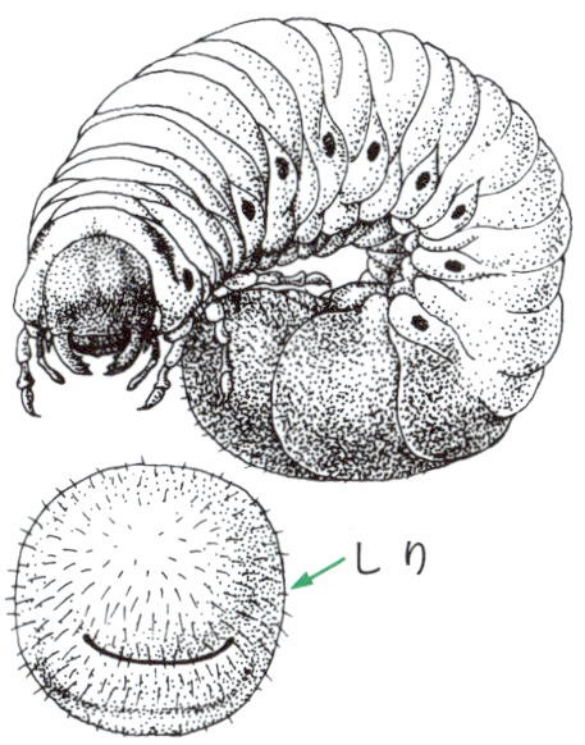

カブトムシ

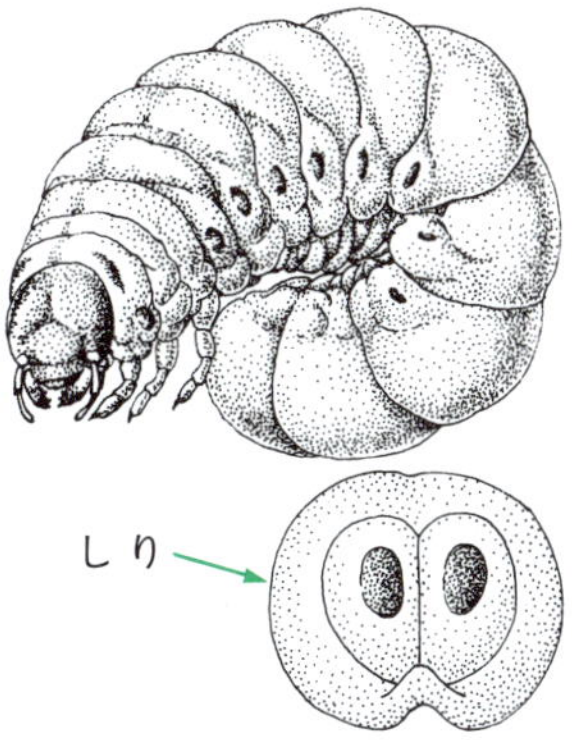

クワガタムシ

成虫《せいちゅう》のからだつきのちがい

カブトムシは、からだ全体《ぜんたい》がずんぐりしています。クワガタムシは、ひらべったいからだつきをしています。

クワガタムシは、せまい木《き》の皮《かわ》の下《した》や、木《き》のさけめにもぐりこむ習性《しゅうせい》があります。それには、ひらたい方《ほう》がつごうがよいのでしょう。

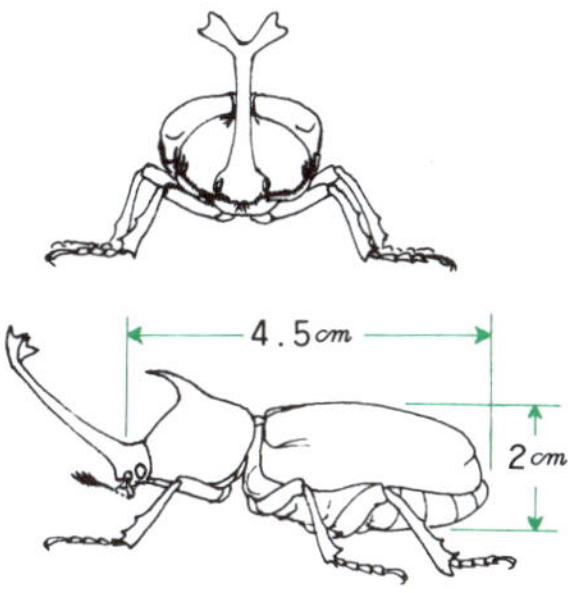

カブトムシ

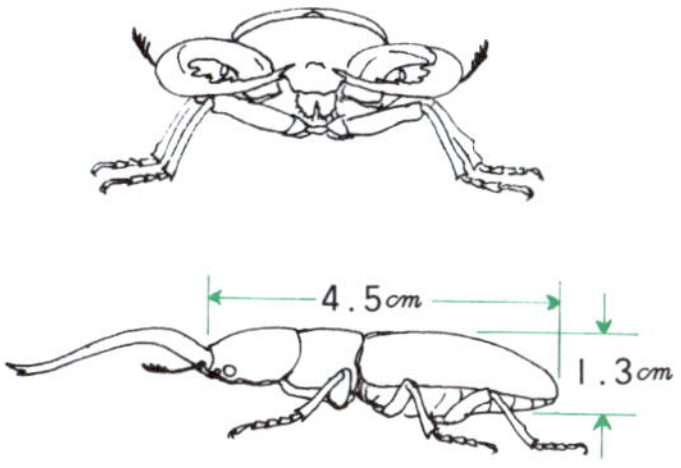

クワガタムシ

つののちがい

カブトムシのつのは、胸《むね》と頭《あたま》の皮《ひ》ふが変化《へんか》したもので、つのだけをうごかすことはできません。頭《あたま》を上下《じょうげ》させて、頭《あたま》と胸《むね》のつののあいだにものをはさみます。

クワガタムシのつのは、あごが発達《はったつ》したものでうごきます。左右《さゆう》にひらいたりとじたりすることで、ものをはさみます。

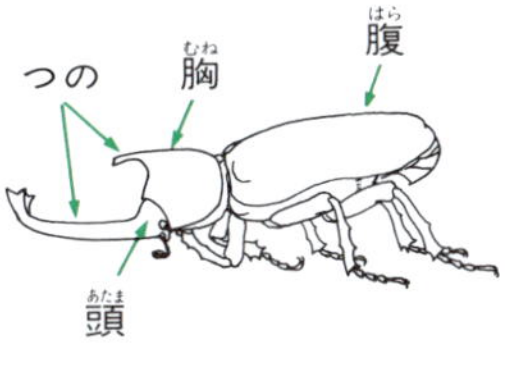

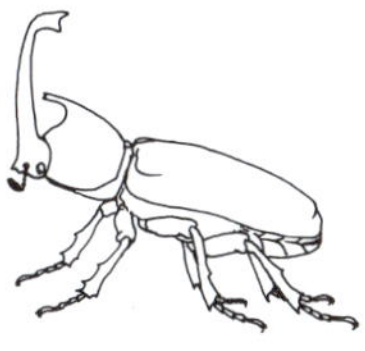

カブトムシ

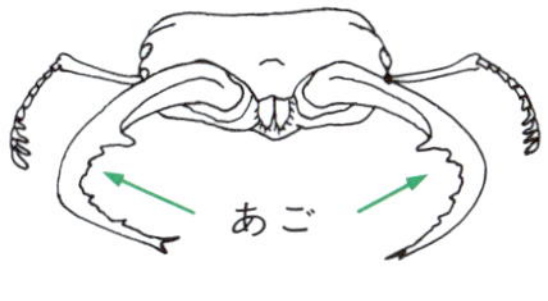

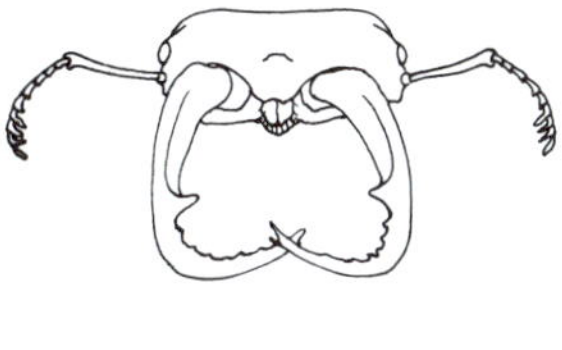

クワガタムシ

●クワガタムシの成長《せいちょう》，２コース

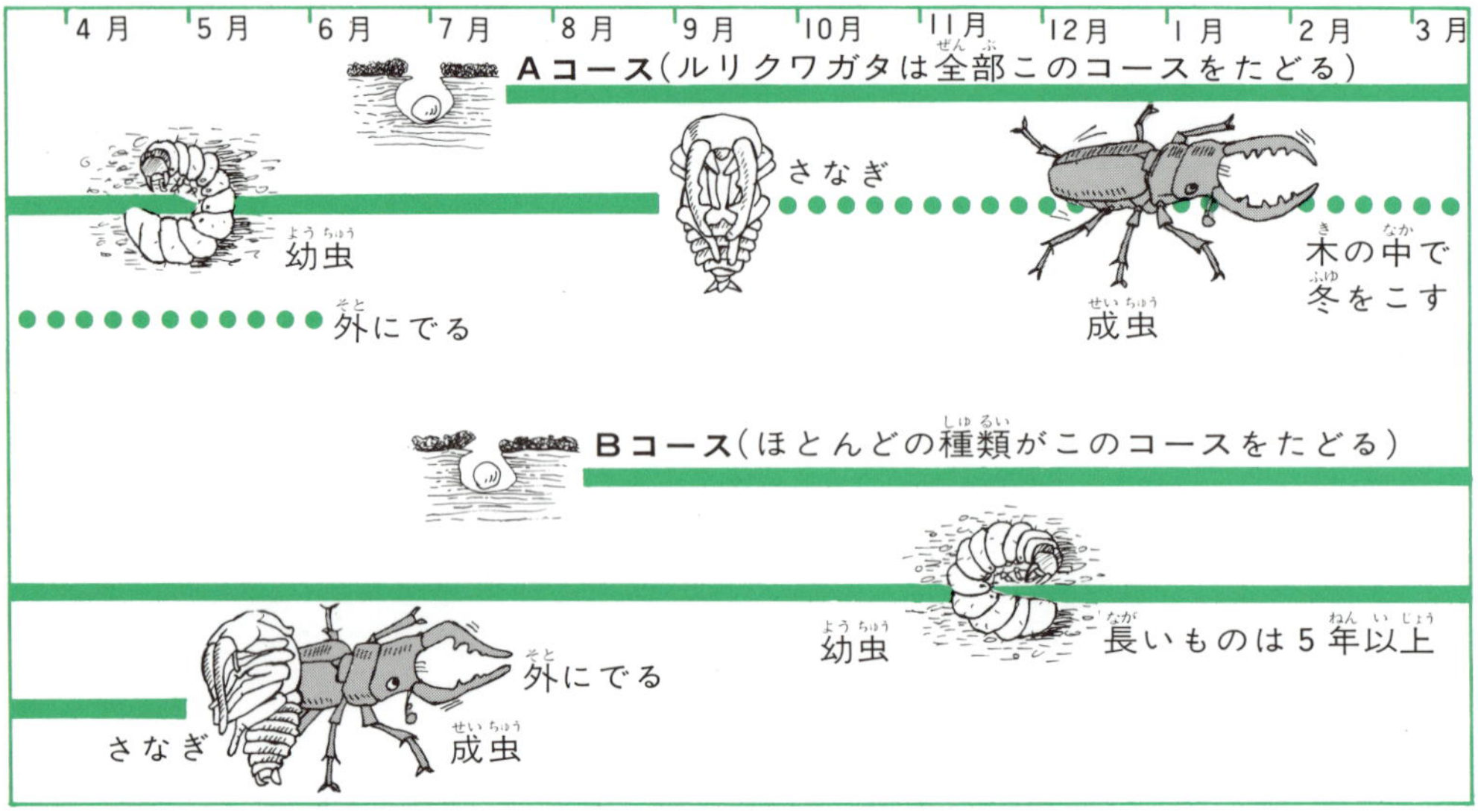

クワガタムシの幼虫《ようちゅう》は、するどいあごをもっていて、くち木《き》をかみくだいて食《た》べます。でも、栄養《えいよう》のとぼしくなったくち木なので、幼虫《ようちゅう》の成長《せいちょう》はままなりません。

産卵《さんらん》からふ化《か》までは、どれも二週間《しゅうかん》ぐらいです。ところが幼虫《ようちゅう》の成長《せいちょう》のはやさは、まちまちです。クワガタムシの種類《しゅるい》によってもちがいます。食《た》べたくち木《き》のくさりぐあい、ふくまれている栄養《えいよう》の量《りょう》、すんでいる地方《ちほう》の気候《きこう》のちがいなど、さまざまな環境《かんきょう》のちがいによっても成長《せいちょう》の差《さ》があらわれます。一令《れい》幼虫《ようちゅう》からさなぎになるまでに、はやくても一年数《ねんすう》か月《げつ》から二年《ねん》近《ちか》くもかかってしまいます。なかには四年以上《ねんいじょう》かかるものもいます。

幼虫《ようちゅう》がさなぎになる時期《じき》は、初夏《しょか》から秋《あき》にかけてです。幼虫時代《ようちゅうじだい》とちがって、さなぎ時代《じだい》はどれも約《やく》三週間《しゅうかん》です。六月《がつ》にさなぎになったものは、七月《がつ》には羽化《うか》して外《そと》にでてきます。九月《がつ》にさなぎになったものは、十月《がつ》ごろ羽化《うか》して、そのまま木《き》の中《なか》で冬《ふゆ》をこし、つぎの年《とし》の七月《がつ》ごろ外《そと》にでてきます。こうして、成長《せいちょう》のはやさはまちまちでも、成虫《せいちゅう》の

↑木《き》の中《なか》で成長《せいちょう》するタマムシの幼虫《ようちゅう》（右《みぎ》）と，木《き》のみきでやすむ成虫《せいちゅう》（左《ひだり》）。

↑木《き》を食《く》いすすむシロスジカミキリの幼虫《ようちゅう》（右《みぎ》）と，木《き》の皮《かわ》をかじる成虫《せいちゅう》。

くらしをはじめる時期《じき》がそろうことで、季節《きせつ》のリズムはたもたれているわけです。

ところで、弱《よわ》った木《き》やかれ木《き》の中《なか》には、ほかにカミキリムシやタマムシなどの幼虫《ようちゅう》が、くらしています。これらの虫《むし》は、するどいあごをもっていて、木《き》をかみくだき、木《き》の中《なか》にトンネルをほりながら食《た》べすすみます。そして、クワガタムシの幼虫《ようちゅう》とおなじように木《き》の中《なか》でさなぎになり、やがて木《き》の中《なか》で羽化《うか》して外《そと》へでてきます。

●木《き》の中《なか》は安全《あんぜん》か？

クワガタムシの幼虫《ようちゅう》は、木《き》の中《なか》にいるからといって安全《あんぜん》ではありません。

くちばしで木《き》をほじくって、幼虫《ようちゅう》をつまみだすキツツキがいます。

木《き》の中《なか》の幼虫《ようちゅう》をたくみにかぎわけて、木《き》に長《なが》い産卵《さんらん》管《かん》をつきさし、幼虫《ようちゅう》にたまごをうみつける寄生蜂《きせいほう》がいます。

また、カビがからだじゅうにうつって死《し》んでしまう幼虫《ようちゅう》もたくさんいます。

↓クワガタムシの幼虫《ようちゅう》に寄生《きせい》して，栄養《えいよう》をうばいとり，どんどん大《おお》きくなる寄生蜂《きせいほう》の幼虫《ようちゅう》。

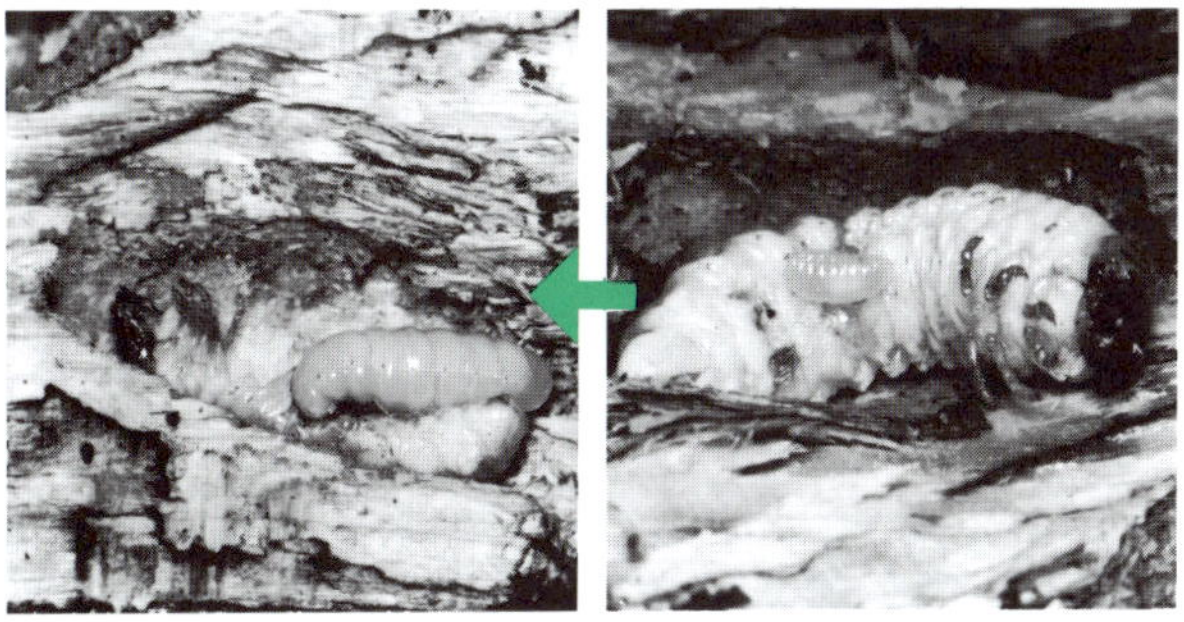

↓クワガタムシのあごで，指《ゆび》をはさまれたときは，地面《じめん》にかるくおくと，すぐはなしてくれます。

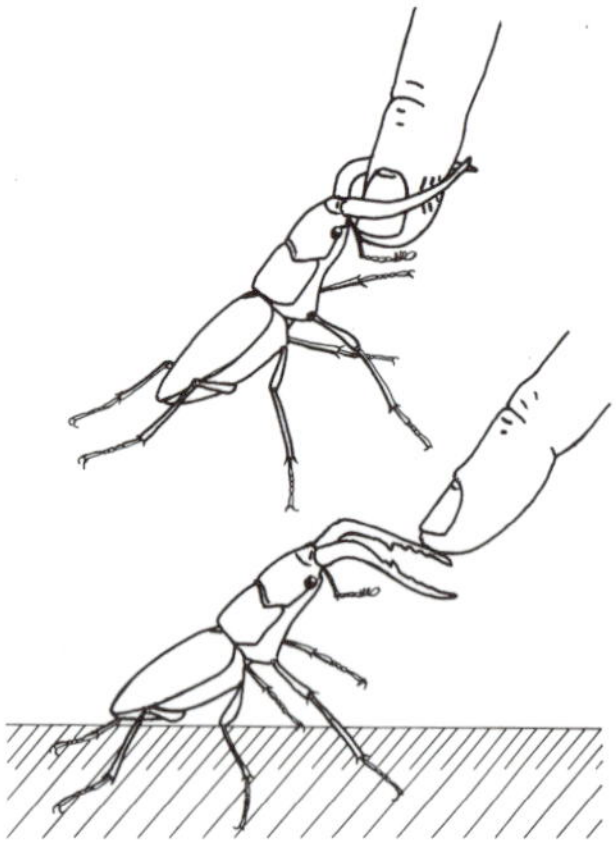

↑手《て》にもって，からだの形《かたち》やしくみをかんさつできるクワガタムシは，みんなの人気者《にんきもの》です。

クワガタムシをさがしに、友《とも》だちといっしょに、クヌギ林《ばやし》へいってみませんか。

クワガタムシは夜行性《やこうせい》だからといって、夜《よる》でかけるのはきけんです。クワガタムシのくらしをしっていると、昼《ひる》、明《あか》るいうちでもみつけることができます。

●木《き》のうろの中《なか》をのぞいてみる。クワガタムシは、よく、暗《くら》いうろの中《なか》にかくれてねむっていることがあります。

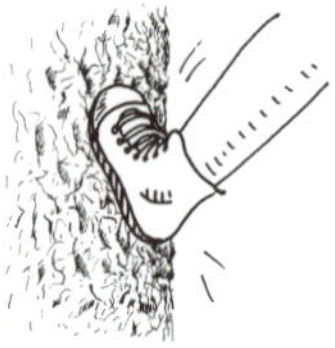

●木《き》のみきを足《あし》でけってみる。えだの上《うえ》にうずくまっているものが、しんどうでおちてくることがあります。

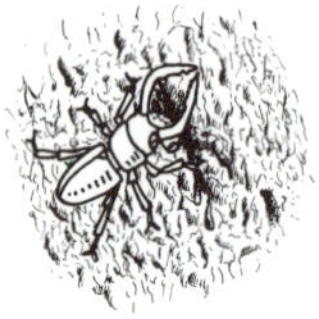

●朝早《あさはや》く、樹液《じゅえき》のいずみにいってみる。クワガタムシの活動《かつどう》は、明《あ》け方《がた》までつづいています。

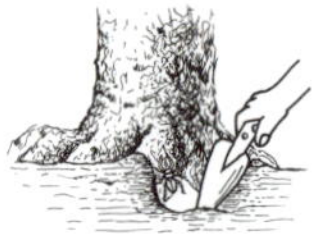

●樹液《じゅえき》※がでている木《き》の根《ね》もとを、あさくほってみる。成虫《せいちゅう》がねむっているかもしれません。

※クヌギの木《き》も生《い》きています。やたらにけったり、根《ね》もとをほるのはやめましょう。ほったあなは、かならずうめておきましょう。

●幼虫《ようちゅう》やさなぎの飼《か》いかた

①クヌギのくち木《き》をこまかくくだく。
②木《き》くずをコップにつめ、指《ゆび》であなをあける。
③あなに幼虫《ようちゅう》をいれ、上《うえ》から木《き》くずをかぶせておく。
④ときどき木《き》くずをかえる。

幼虫《ようちゅう》は、木《き》くずを食《た》べて成長《せいちょう》します。木《き》くずをとりかえるとき、成長《せいちょう》のようすがわかります。

幼虫《ようちゅう》がさなぎになるときは、かならずコップの底《そこ》にへやをつくります。底《そこ》からのぞくと、羽化《うか》のようすがかんさつできます。

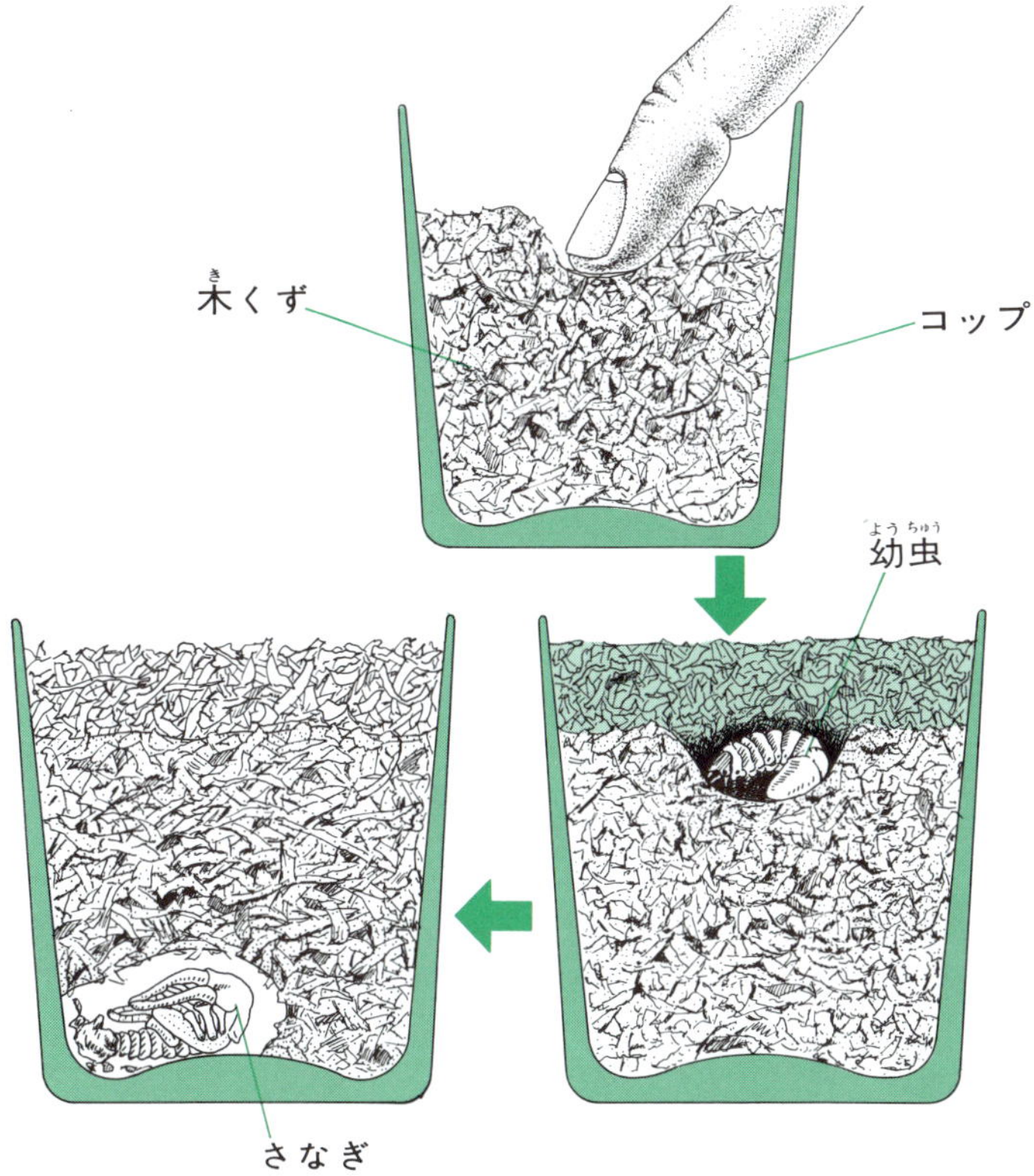

●成虫《せいちゅう》の飼《か》いかた

成虫《せいちゅう》は、金魚《きんぎょ》ばちでかんたんに飼《か》うことができます。

樹液《じゅえき》のかわりに、みつやさとう水《みず》、切《き》ったくだものなどをあたえます。

湿度《しつど》を一定《いってい》にたもっておけば、冬《ふゆ》でも成虫《せいちゅう》を生《い》かしておくことができます。冬《ふゆ》になって気温《きおん》がさがると、成虫《せいちゅう》は、木《き》くずの中《なか》にもぐりこんでねむります。

あとがき

わたしがまだ小学生《しょうがくせい》のころのある夏《なつ》の日《ひ》、クヌギのみきをドンドンとたたいたら、ポトンと大《おお》きなノコギリクワガタが頭《あたま》の上《うえ》におちてきました。これが、わたしとクワガタムシとの最初《さいしょ》のであいでした。それ以来《いらい》、樹液《じゅえき》がにじみでているクヌギの木《き》を、いつも胸《むね》をわくわくさせてながめたことや、おがくずをつめた箱《はこ》の中《なか》でコクワガタを二年《ねん》も三年《ねん》も飼《か》いつづけたことなど、おさないころのクワガタムシの思《おも》い出《で》はつきません。

クワガタムシは、その採集《さいしゅう》やかんさつをつうじて、わたしたちにさまざまな知識《ちしき》やたのしみをあたえてくれます。わたしが昆虫《こんちゅう》の研究《けんきゅう》をはじめたのも、このクワガタムシが興味《きょうみ》をもたせてくれたからです。

しかし、こんなにわたしたちに親《した》しまれているクワガタムシも、その一生《いっしょう》についてはまだわかっていないことがたくさんあります。たとえば、めすがくち木《き》にたまごをうむようすについてしられているのは、一部《いちぶ》の種類《しゅるい》だけです。

この本《ほん》では、季節《きせつ》の変化《へんか》の中《なか》で、クワガタムシがどんな生活《せいかつ》をしているのかみてみました。また、一ぴきの成虫《せいちゅう》になるためには、どんなに長《なが》い年月《ねんげつ》を経《へ》なければならないのかというようなことを中心《ちゅうしん》にかたってみました。この本《ほん》が、自然《しぜん》と昆虫《こんちゅう》とのむすびつきを、より深《ふか》く知《し》る手《て》がかりになれば幸《さいわ》いです。

林《はやし》 長閑《のどか》

（一九七八年三月）

NDC486

林　長閑

科学のアルバム　虫14

クワガタムシ

あかね書房 2022

62P　23×19cm

科学のアルバム

クワガタムシ

一九七八年三月初版

二〇〇五年 四 月新装版第 一 刷

二〇二二年一〇月新装版第一四刷

著者　林　長閑

発行者　岡本光晴

発行所　株式会社 あかね書房

〒一〇一－〇〇六五

東京都千代田区西神田三－二－一

電話〇三－三二六三－〇六四一（代表）

ホームページ http://www.akaneshobo.co.jp

印刷所　株式会社 精興社

写植所　株式会社 田下フォト・タイプ

製本所　株式会社 難波製本

ISBN978-4-251-03359-8

定価は裏表紙に表示してあります。

落丁本・乱丁本はおとりかえいたします。

○表紙写真

・ミヤマクワガタのおすとおすのあらそい

○裏表紙写真（上から）

・木にのぼるノコギリクワガタ

・ミヤマクワガタの幼虫

・大きなあごをかまえるノコギリクワガタ

○扉写真

・ノコギリクワガタのおす

○もくじ写真

・ノコギリクワガタのおすとおすのあらそい

科学のアルバム

全国学校図書館協議会選定図書・基本図書
サンケイ児童出版文化賞大賞受賞

虫

モンシロチョウ
アリの世界
カブトムシ
アカトンボの一生
セミの一生
アゲハチョウ
ミツバチのふしぎ
トノサマバッタ
クモのひみつ
カマキリのかんさつ
鳴く虫の世界
カイコ まゆからまゆまで
テントウムシ
クワガタムシ
ホタル 光のひみつ
高山チョウのくらし
昆虫のふしぎ 色と形のひみつ
ギフチョウ
水生昆虫のひみつ

植物

アサガオ たねからたねまで
食虫植物のひみつ
ヒマワリのかんさつ
イネの一生
高山植物の一年
サクラの一年
ヘチマのかんさつ
サボテンのふしぎ
キノコの世界
たねのゆくえ
コケの世界
ジャガイモ
植物は動いている
水草のひみつ
紅葉のふしぎ
ムギの一生
ドングリ
花の色のふしぎ

動物・鳥

カエルのたんじょう
カニのくらし
ツバメのくらし
サンゴ礁の世界
たまごのひみつ
カタツムリ
モリアオガエル
フクロウ
シカのくらし
カラスのくらし
ヘビとトカゲ
キツツキの森
森のキタキツネ
サケのたんじょう
コウモリ
ハヤブサの四季
カメのくらし
メダカのくらし
ヤマネのくらし
ヤドカリ

天文・地学

月をみよう
雲と天気
星の一生
きょうりゅう
太陽のふしぎ
星座をさがそう
惑星をみよう
しょうにゅうどう探検
雪の一生
火山は生きている
水 めぐる水のひみつ
塩 海からきた宝石
氷の世界
鉱物 地底からのたより
砂漠の世界
流れ星・隕石